처음에 집채만 했던 컴퓨터가
60년 만에 손안에 쏙 들어올 만큼 작아졌습니다.
그런데도 성능은 수백, 수천만 배나 좋아졌지요.
대체 그사이에 어떤 마법이 일어난 걸까요?

나의 첫 과학책 18

하나로 이어진 세계

# 컴퓨터와 인터넷

박병철 글 | 허아성 그림

휴먼
어린이

4+4=8, 11-4=7, 5×3=15

여러분은 숫자를 계산하는 게 재미있나요? 아마 아닐 겁니다.
내가 가진 돈을 세거나 물건을 사고팔려면 숫자를 꼭 알아야 하지만,
사실 복잡한 계산은 어른들도 별로 좋아하지 않습니다.
그래서 사람들은 옛날부터 골치 아픈 계산에서 벗어나기 위해
계산을 대신 해 주는 도구를 썼답니다.

중국 사람들은 수천 년 전에 **주판**이라는 계산 도구를 발명했습니다.
겉모습은 그냥 막대기에 동그란 알을 끼워 넣은 것뿐인데,
신통하게도 큰 숫자를 꽤 빠르게 계산할 수 있었지요.
하지만 주판을 능숙하게 사용하려면 머릿속으로 계산을 잘해야 하기 때문에
누구나 쉽게 쓸 수 있는 도구가 아니었습니다.

1800년대에 유럽의 한 과학자가
수백 개의 톱니바퀴로 이루어진 커다란 계산기를 발명했습니다.
이 계산기는 주판보다 훨씬 편리했지만
계산할 때마다 묵직한 손잡이를 손으로 돌려야 했습니다.
게다가 철컥철컥 움직이는 부품이 하도 많아서 쉽게 고장 나곤 했지요.
하지만 당시에는 복잡한 계산을 할 일이 별로 없었기 때문에
과학자들은 '사람 대신 계산을 해 주는 장치'에 별 관심을 갖지 않았습니다.

그 후 제2차 세계 대전이 한창이던 1944년에 새로운 계산기가 발명되었습니다.
톱니바퀴로 움직이는 건 마찬가지였지만,
전기로 작동하는 스위치가 달려 있어서 힘을 쓸 필요가 없었지요.
**마크 1**이라는 이름으로 불린 이 자동 계산기는
대포알이 날아가는 길을 계산하고 적군의 암호를 푸는 등
미국과 영국이 전쟁에서 이기는 데 커다란 공을 세웠습니다.

그리고 전쟁이 끝난 직후인 1945년에
드디어 움직이는 부품이 하나도 없는 계산기가 등장했습니다.
요란한 소리를 내며 바쁘게 돌아가는 톱니바퀴를
**진공관**이라는 전기 부품으로 바꾼 덕분이었지요.
진공관은 아무런 소리 없이 조용하게 작동하면서도
톱니바퀴가 하던 일을 똑같이 할 수 있었습니다.

최초의 컴퓨터 에니악은 사람보다 계산을 훨씬 잘했지만
덩치가 집채만 하고 값이 너무 비싸서 아무나 가질 수 없었습니다.
이렇게 엄청난 기계를 마음대로 사용할 수 있는 곳은
나라에서 운영하는 군대뿐이었지요.

1947년에 미국의 과학자 세 사람이 **트랜지스터**라는 전기 부품을 발명했습니다. 이것은 전기의 흐름을 조절하는 장치인데, 진공관이 하던 일을 똑같이 할 수 있었지요. 게다가 트랜지스터는 진공관보다 작으면서 고장도 잘 안 나고, 전기를 적게 쓰는데도 성능은 훨씬 좋았답니다.

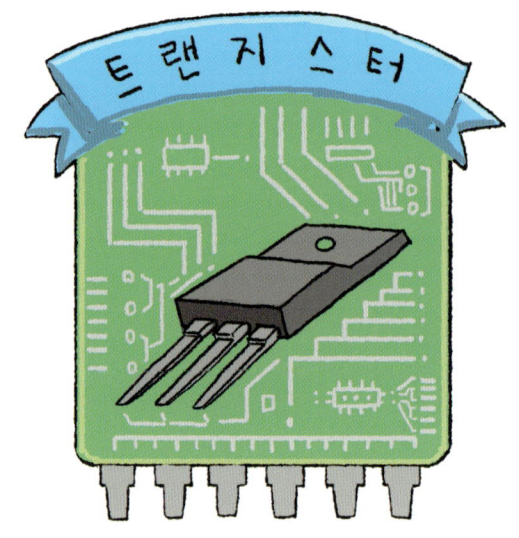

컴퓨터에 설치된 그 많은 진공관을 모두 트랜지스터로 바꿨더니,
집채만 했던 컴퓨터가 옷장만큼 작아졌습니다.
그전에는 컴퓨터를 설치하려면 적당한 장소부터 찾아야 했는데,
트랜지스터 덕분에 아무 곳에나 설치할 수 있게 된 것입니다.
사람들은 이것을 **반도체 혁명**이라고 불렀습니다.
트랜지스터를 만드는 재료가 반도체였기 때문이지요.

반도체라는 것이 대체 어떤 물질이길래
이토록 대단한 일을 할 수 있었던 것일까요?
이 세상 모든 물질은 전기가 흐르는 정도에 따라
도체와 부도체, 그리고 반도체로 나누어집니다.
철이나 구리처럼 전기가 잘 흐르는 물질은 **도체**이고,
고무나 플라스틱처럼 전기가 흐르지 않는 물질은 **부도체**에 속하지요.
그래서 전기가 흐르는 전깃줄의 속은 구리로 되어 있고,
바깥은 우리가 만졌을 때 손에 전기가 통하지 않도록 고무로 덮여 있답니다.

그런데 평소에는 전기가 흐르지 않다가
어떤 특별한 조건이 갖춰지면 전기가 흐르는 물질도 있습니다.
이렇게 '전기가 흐를 때도 있고, 안 흐를 때도 있는 물질'을 **반도체**라고 하지요.
전기로 작동하는 기계에 반도체를 설치하면
전기가 항상 한쪽 방향으로만 흐르게 하거나
특별한 경우에만 흐르도록 만들 수 있습니다.
그러니까 반도체를 사용하면 우리가 원하는 대로 작동하는
전기 장치를 만들기가 훨씬 쉬워지는 것이지요.

컴퓨터의 계산 속도는 트랜지스터가 많을수록 빨라집니다.
일꾼이 많을수록 짐을 빨리 나를 수 있는 것과 같은 원리지요.
그러니까 컴퓨터가 계산을 빨리하도록 만들려면
트랜지스터를 많이 설치하면 됩니다.
잠깐, 그러다 보면 컴퓨터가 다시 커질 것 같은데…….
컴퓨터의 크기를 키우지 않으면서 트랜지스터만 많이 설치할 수는 없을까요?

방법은 단 하나, 트랜지스터를 작게 만드는 것뿐입니다.
작게, 더 작게, 무조건 작을수록 좋습니다.
과학자들은 '미니 트랜지스터'를 만드는 데 열중하다가
어느 날 아주 좋은 아이디어를 떠올렸습니다.
어차피 트랜지스터는 반도체로 만들어야 하니까,
아예 반도체로 평평한 판을 만들어서 그 위에
그림을 그리듯 트랜지스터를 아주 작게 새겨 넣는 것이었지요.

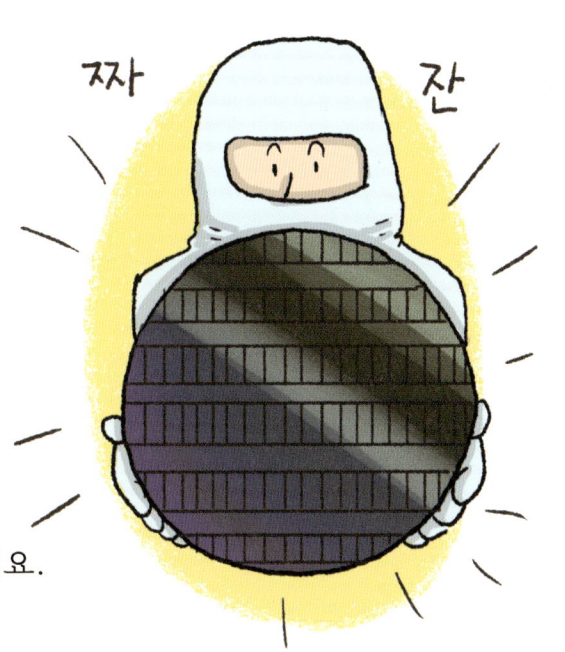

작은 트랜지스터 덕분에 계산 속도가 10년 전보다 30배 이상 빨라졌네요.

허허, 앞으로 2년마다 두 배씩 빨라질 겁니다.

그럼 앞으로 20년 후에는 지금보다 1000배나 좋아진다는 거잖아. 말이 되는 소릴 해야지.

고든 무어
(컴퓨터 사업가)

허창

무어가 했던 말은 거짓이 아니었습니다.
트랜지스터의 크기는 정말로 2년마다 절반으로 줄어들었고,
1970년대 말에는 컴퓨터가 책상 위에 올라갈 정도로 작아졌지요.
드디어 컴퓨터를 혼자서 쓰는 '개인용 컴퓨터'의 시대가 열린 것입니다.
하지만 원래 컴퓨터는 계산을 빠르게 하려고 만든 물건인데,
집에서 복잡한 계산을 할 일이 과연 얼마나 자주 있을까요?

내 말이 맞죠?

하하하

1개 트랜지스터 (1950)

16개 트랜지스터 (1960)

4500개 트랜지스터 (1970)

과학자들은 평범한 집에서도 컴퓨터를 유용하게 쓸 수 있도록
계산 외에 온갖 다양한 기능을 개발하기 시작했습니다.
그 덕분에 사람들은 컴퓨터로 일기를 쓰고 그림을 그리고,
테트리스 같은 재미있는 게임도 할 수 있게 되었지요.
대포알이 날아가는 길을 계산하던 집채만 한 컴퓨터가
40년 만에 '책상 위의 장난감'으로 변신한 것입니다.

신기하게도 컴퓨터는 그 반대입니다.

성능은 계속 좋아졌는데, 값은 오히려 더 싸졌지요.

왜 그럴까요? 그 비밀은 '작은 트랜지스터'에 들어 있습니다.

트랜지스터는 작게 만들수록 비용이 적게 들고 전기도 적게 쓰기 때문에,

컴퓨터의 성능이 좋아졌는데도 값은 꾸준히 내려갔습니다.

그 옛날, 에니악은 한 나라에 몇 대밖에 없었지만

요즘 컴퓨터는 그보다 훨씬 좋은데도 누구나 살 수 있답니다.

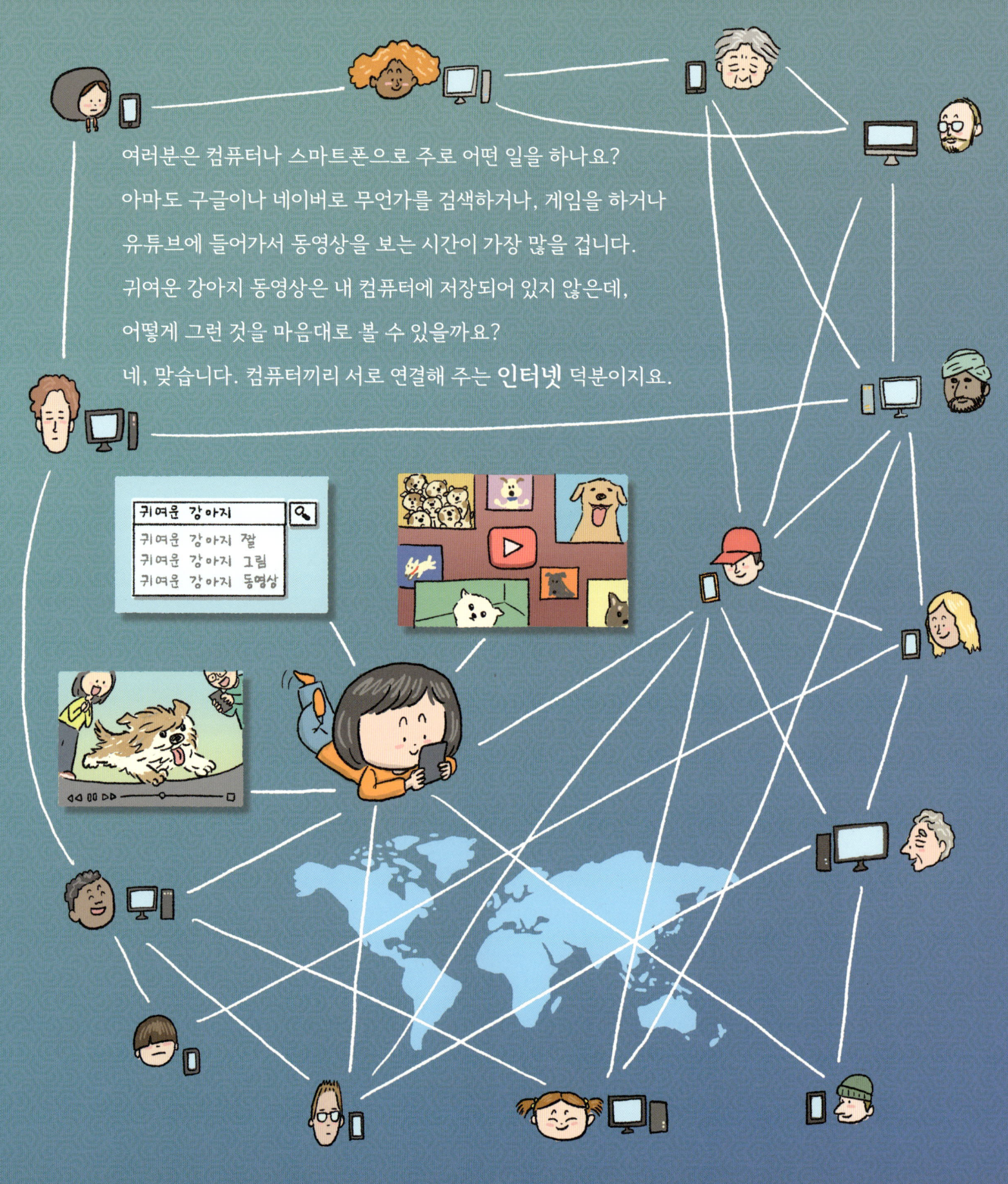

여러분은 컴퓨터나 스마트폰으로 주로 어떤 일을 하나요?
아마도 구글이나 네이버로 무언가를 검색하거나, 게임을 하거나
유튜브에 들어가서 동영상을 보는 시간이 가장 많을 겁니다.
귀여운 강아지 동영상은 내 컴퓨터에 저장되어 있지 않은데,
어떻게 그런 것을 마음대로 볼 수 있을까요?
네, 맞습니다. 컴퓨터끼리 서로 연결해 주는 **인터넷** 덕분이지요.

인터넷이라는 말은 누구나 한 번쯤 들어 봤겠지만,
눈에 보이지 않고 만질 수도 없기 때문에
막상 설명을 하려고 해도 떠오르는 게 별로 없습니다.
우리는 어떻게 컴퓨터나 스마트폰으로 친구에게 메일을 보내고
지구 반대편에 있는 사람이 만든 동영상을 볼 수 있는 걸까요?

이것 좀 봐. 이 강아지 정말 귀엽다.

그 강아지가 재주를 넘는 동영상도 있어.

언제 적 동영상을 보고 있니?
그 강아지가 오늘 새끼를 낳았대!

사람들이 온 나라에 흩어져서 살다 보면
먼 곳을 찾아가거나 물건을 멀리 보낼 일이 많아집니다.
이때 먼 곳으로 이동하는 사람이나 물건을 **화물**이라 하고,
자동차나 기차처럼 화물을 옮기는 장치를 **운송 수단**이라고 하지요.

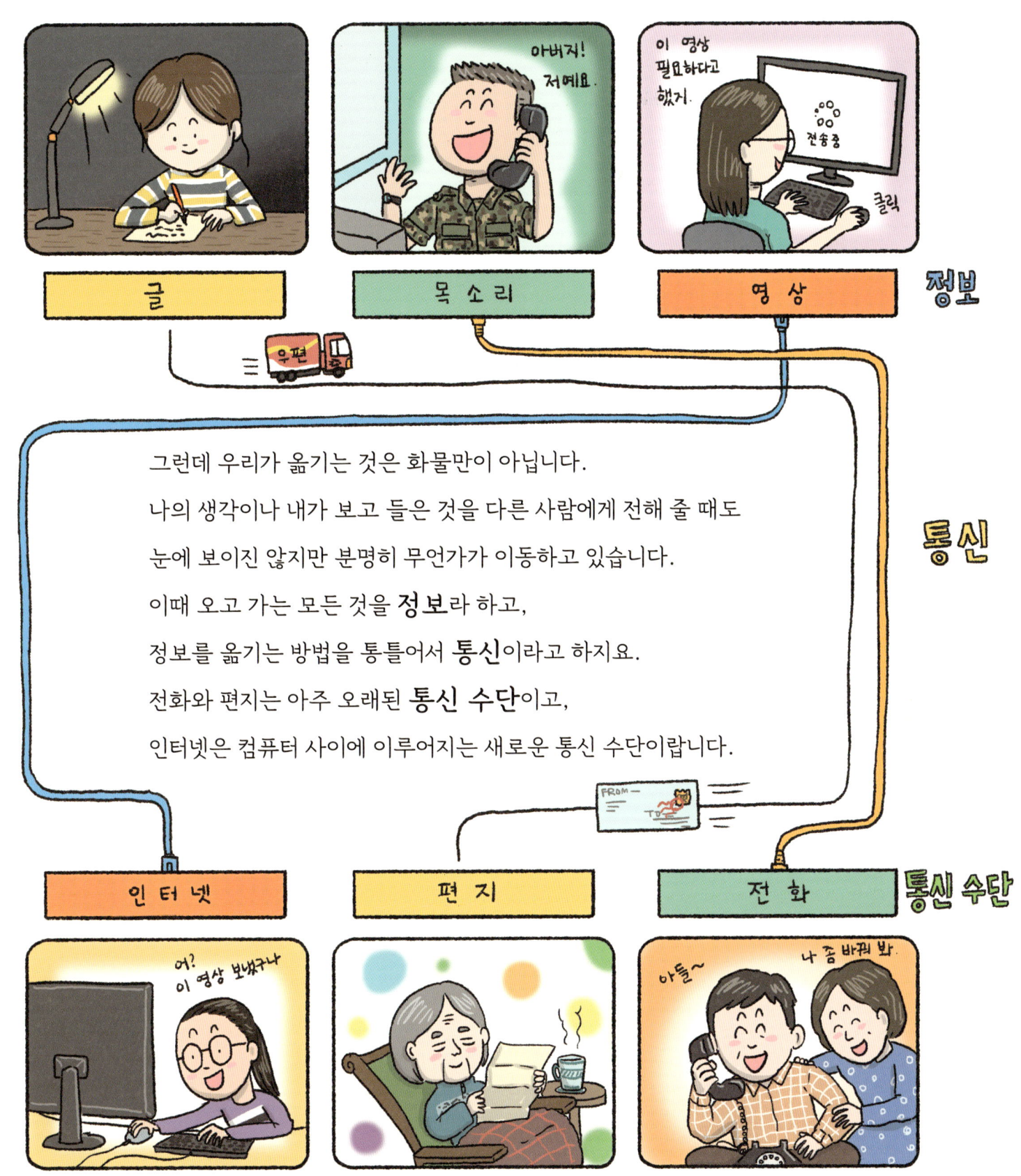

1980년대의 개인용 컴퓨터는 통신 수단이 아니라 냉장고나 세탁기처럼 '혼자서 작동하는 기계'였습니다. 내 컴퓨터에 설치된 재미있는 게임을 친구의 컴퓨터로 옮기려면 '플로피 디스크'라는 저장 장치에 게임을 옮겨 담은 후 그것을 친구 집에 직접 들고 가서 다시 설치하는 수밖에 없었지요. 게다가 모든 게임은 1인용이어서 친구들과 같이 할 수도 없었답니다.

내가 부탁한 테트리스는 왜 안 가져왔어?

깜빡 했어?

그게, 깜빡한 게 아니고….

게임 용량이 너무 커서 디스크 한 장에 안 들어가.

전화로 대화할 때는 말밖에 전달할 수 없지만,
컴퓨터로 통신을 하면 말, 문자, 음악, 사진, 동영상 등등
모든 자료를 주고받을 수 있습니다.
통신으로 옮길 수 있는 정보의 양이 엄청나게 많아지는 거지요.

그 후로 인터넷을 연결하는 기술이 점점 좋아지면서
자료를 주고받는 속도도 엄청나게 빨라졌습니다.
인터넷 초기에는 영화 한 편을 내려받는 데 며칠씩 걸렸지만
지금은 몇십 분밖에 걸리지 않습니다.
게다가 요즘은 굳이 영화를 내 컴퓨터에 내려받지 않아도
인터넷을 통해서 곧바로 볼 수 있게 되었지요.

1990년대 극장 앞

조금만 참아. 극장 안에 들어가면 팝콘 사 줄게.

글쎄, 오늘 안으로 들어갈 수 있을까?

엄마, 나 배고파. 영화는 언제 볼 수 있는 거야?

2020년대 가정집

엄마, 나 배고파. 피자는 언제 오는 거야?

조금만 참아. 인터넷으로 주문했으니까 곧 올 거야.

민준이는 만화 보고, 엄마는 드라마 보고. 집이 아니라 극장에 온 것 같네.

인터넷은 보이지 않는 곳에 만들어진 '또 하나의 세상'입니다.
이곳으로 들어가려면 일단 컴퓨터가 있어야 하고,
그 컴퓨터는 인터넷에 연결되어 있어야 합니다.
준비되었나요? 이제 컴퓨터를 켜고 인터넷 세상으로 들어가기 위해
제일 먼저 할 일은 **인터넷 브라우저**를 실행하는 것입니다.

● **브라우저**    영어로 browser. 무언가를 구경시켜 주는 도구라는 뜻입니다.

인터넷 세상을 하나의 커다란 도시에 비유하면
브라우저는 내 컴퓨터를 도시의 입구로 데려다주는 셔틀버스입니다.
사파리, 크롬, 엣지, 파이어폭스, 웨일 등은 모두 브라우저랍니다.
어떤 브라우저를 사용해도 인터넷 도시 입구까지 갈 수 있지요.
하지만 인터넷 세상은 너무나 넓고 복잡하기 때문에
내가 원하는 곳으로 찾아가려면 한 단계를 더 거쳐야 합니다.

우아! 저기 도시가 보여!

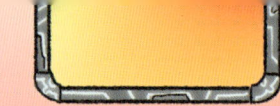

셔틀버스가 도착하면 인터넷 도시로 들어가는 '문'이 나타납니다.
이런 곳을 **포털 사이트**라고 하지요.
포털(portal)은 영어로 '현관문'을 뜻하는 말입니다.
포털 사이트의 검색창에 내가 가고 싶은 곳을 키보드로 입력하면
검색 장치가 위치를 번개처럼 찾아서 그곳으로 데려다줍니다.
여러분에게 친숙한 구글, 네이버, 다음, 네이트 등은 포털 사이트랍니다.

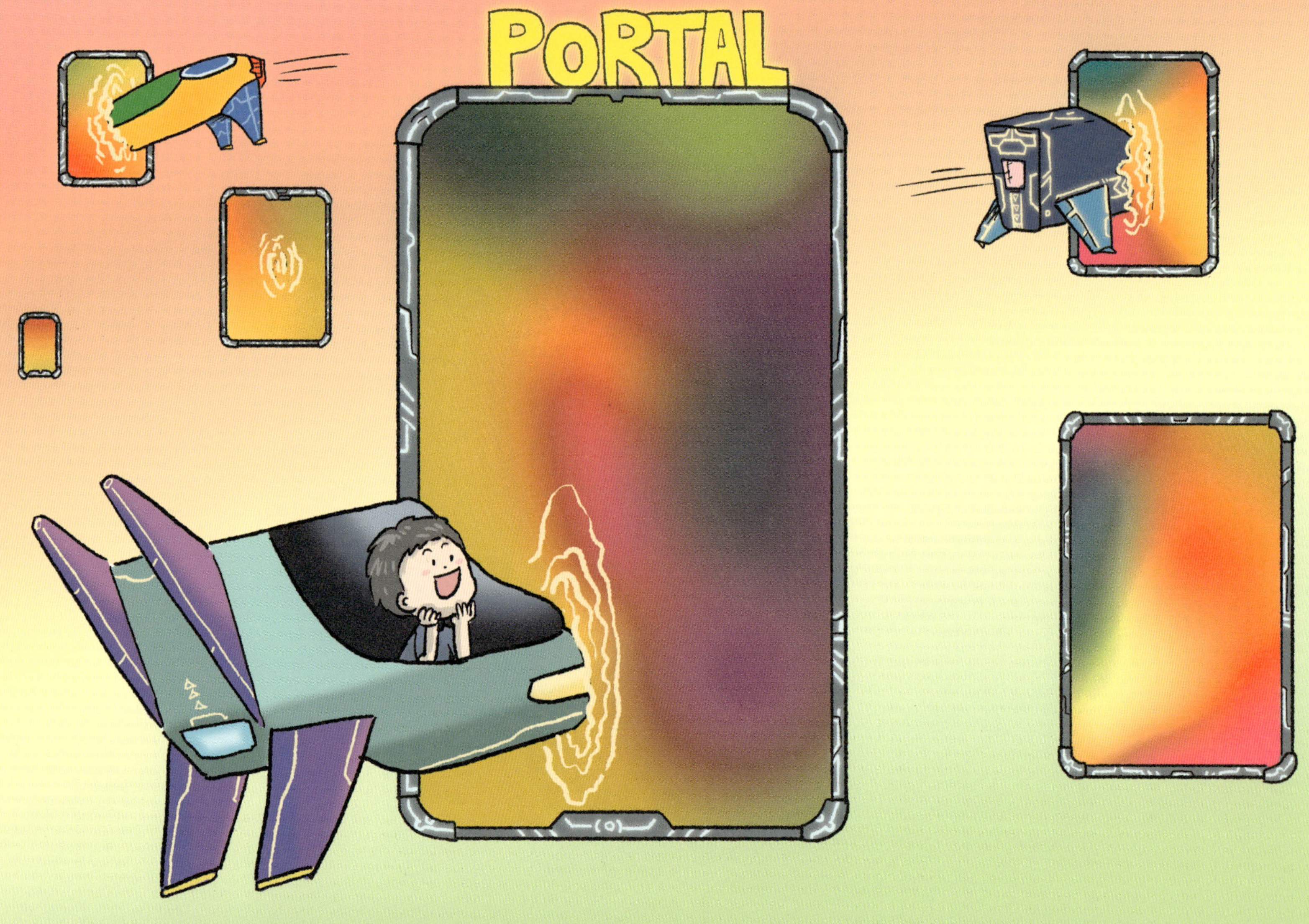

이렇게 인터넷 속으로 들어가면 눈에 보이진 않지만
이 세상의 모든 정보와 지식, 뉴스, 게임, 상품, 오락 등이
모든 곳에 빽빽하게 들어서 있습니다.
컴퓨터와 인터넷이 함께 만든 꿈 같은 세상이지요.
이곳에서 얼마나 좋은 정보를 얻을 수 있는가는
오직 키보드를 두드리는 여러분의 손가락에 달려 있습니다.

인터넷이 세상에 미친 영향은 헤아리기 어려울 정도로 많습니다.

언니는 서점에 가지 않고도 책을 골라 주문하고,

형은 집에서 외국인 친구와 게임을 합니다.

부모님과 함께 외국 여행을 간 친구도 더 이상 부럽지 않습니다.

그러나 뭐니 뭐니 해도 가장 중요한 변화는 지식을 얻기가 쉬워졌다는 것입니다. 옛날 학생들은 학교에서 배우는 것만 알 수 있었는데, 인터넷에 익숙한 요즘 학생들은 배우지 않은 것도 척척 알아냅니다.

컴퓨터와 인터넷 때문에 사람들의 생활 습관도 많이 달라졌습니다.

친구와 직접 만나서 하던 대화가 채팅과 문자로 바뀌었고,

책과 신문을 읽던 사람들은 스마트폰에서 눈을 떼지 못합니다.

빠른 인터넷 덕분에 정보를 찾는 시간이 줄어들었으니

남은 시간을 좀 더 알차게 써야 할 텐데, 실제로는 별로 그런 것 같지 않습니다.

오히려 친구들과 잡담하는 시간이 옛날보다 훨씬 길어졌고,

자신이 누구인지 밝히지 않은 채 남에게 함부로 말하는 사람도 많아졌지요.

인터넷 세상은 지금도 한창 만들어지는 중입니다.
그 세상을 만드는 주인공은 특별한 사람이 아니라 여러분 자신이지요.
여러분이 올리는 사진과 재미 삼아 다는 댓글이
매 순간 거대한 '정보의 바다'로 흘러 들어가고 있습니다.
그러므로 인터넷이 누구에게나 유익하면서 맑은 바다가 되려면
내가 흘려보낸 정보부터 유익하고 맑아야 할 것입니다.

나의 첫 과학 클릭!

# 하드웨어와 소프트웨어

컴퓨터에 관해 배우다 보면 가장 많이 나오는 단어가 '하드웨어'와 '소프트웨어'입니다.

'하드(hard)'는 딱딱하다는 뜻이고, '소프트(soft)'는 부드럽다는 뜻이고,

'웨어(ware)'는 제품이나 물건이라는 뜻이지요.

그렇다면 하드웨어는 딱딱한 부품, 소프트웨어는 부드러운 부품이라는 뜻일까요?

대충 비슷하지만 반드시 그렇지는 않습니다. 이 기회에 정확하게 알고 넘어가기로 하지요.

'컴퓨터에서 손으로 만질 수 있는 부품'은 모두 하드웨어입니다.

물론 컴퓨터 속에 들어 있는 부품도 여기에 포함됩니다.

그러니까 하드웨어는 컴퓨터가 작동하는 데 필요한 모든 부품을

한꺼번에 부르는 말이지요. 하드웨어는 하는 일에 따라서

중앙 처리 장치(CPU)와 기억 장치(주메모리, USB, SD카드 등),

그리고 입력 장치(키보드, 마우스 등)와 출력 장치(모니터, 프린터, 스피커 등)로 나뉩니다.

반면에 소프트웨어는 하드웨어에 명령을 내리는 부분으로,

컴퓨터에서 실행되는 모든 프로그램이 여기에 속합니다.

그러니까 컴퓨터에서 '손으로 만져지지 않지만 눈으로 볼 수 있는 모든 것'이

소프트웨어인 셈이지요. 예를 들어 문서를 작성하는 프로그램이나

그림을 그리는 프로그램, 그리고 여러분이 좋아하는 게임은 소프트웨어입니다.

물론 컴퓨터의 하드웨어를 조종하는 프로그램인 '운영 체제(OS)'도 소프트웨어에 속한답니다.

대표적인 운영 체제로는 '윈도우 11'이나 '안드로이드' 같은 것이 있지요.

그렇다면 하드웨어와 소프트웨어 중 어느 쪽이 더 중요할까요?

하드웨어는 손으로 만질 수 있기 때문에 '값나가는 물건'이라는 걸 쉽게 알 수 있지만,

소프트웨어는 형태가 없어서 가치가 금방 눈에 보이지 않습니다.

그래서 컴퓨터를 훔치면 나쁜 짓이라는 걸 누구나 알고 있는데,

유료 프로그램을 몰래 복사해서 쓰는 사람들은 죄책감을 별로 느끼지 않습니다.

그러나 소프트웨어도 분명히 그것을 만든 사람의 재산이기 때문에,

몰래 복사하는 건 남의 물건을 훔치는 것과 같습니다.

다행히도 요즘은 무료로 제공되는 소프트웨어가 많아서 편리한 프로그램을

누구나 쓸 수 있게 되었지요. 스마트폰으로 편리한 앱을 사용할 때는

그것을 만든 사람의 수고도 한 번쯤 생각해 보는 게 좋지 않을까요?

**컴퓨터 운영 체제인 '윈도우 11'**

**스마트폰 운영 체제인 '안드로이드'**

# 비트와 바이트, 무슨 뜻일까?

컴퓨터에 저장되는 정보의 가장 작은 단위를 '비트(bit)'라 하고,
비트가 8개 모인 것을 '바이트(byte)'라고 합니다.
예를 들어 영어 알파벳 한 글자는 1바이트고, 한글 한 글자는 2바이트를 차지하지요.
문서, 그림, 동영상 등 컴퓨터에 저장된 모든 파일의 크기는
바로 이 '바이트'의 개수로 나타낼 수 있습니다.
그런데 대부분의 컴퓨터 파일은 크기가 엄청나게 크기 때문에,
바이트로 나타내면 불편한 점이 많습니다.
영화 한 편을 다운로드 받았는데 크기가 40억(4,000,000,000) 바이트라면,
다른 파일과 비교할 때 동그라미 개수를 일일이 세어야 하고,
읽거나 쓰기도 불편합니다. 그래서 사람들은 파일의 크기를 나타낼 때
바이트 앞에 '킬로'나 '메가', '기가', '테라'라는 단어를 붙이는데,
그 뜻은 아래와 같습니다.

> 킬로(kilo): 1000배    메가(mega): 100만 배    기가(giga): 10억 배    테라(tera): 1조 배

그러니까 1킬로바이트는 1000바이트, 1메가바이트는 100만 바이트,
1기가바이트는 10억 바이트, 1테라바이트는 1조 바이트입니다.
따라서 1테라바이트는 1000기가바이트, 1기가바이트는 1000메가바이트,
1메가바이트는 1000킬로바이트가 되는 거지요.
단위가 하나 올라갈 때마다 천 배씩 커진다는 거, 꼭 기억하세요.
예를 들어 여러분의 하드 디스크 용량이 1테라바이트라면,
거기에 1조 바이트를 저장할 수 있다는 뜻입니다.
1바이트는 8비트라는 거, 앞에서 말했지요? 그런데 이 정도면 얼마나 큰 걸까요?
글자로 된 책 한 권은 1메가바이트쯤 되고, 스마트폰으로 찍은 사진 한 장의 크기는
평균 4메가바이트, 영화 한 편은 약 4기가바이트입니다.
그러니까 1테라바이트짜리 하드 디스크에는 책 100만 권,
또는 사진 25만 장을 저장할 수 있고, 영화는 250편을 저장할 수 있습니다.
이 정도면 웬만한 도서관보다 크겠네요. 저장 장치에 데이터를 이렇게 많이
저장할 수 있게 된 것도 트랜지스터가 작아진 덕분이랍니다. 정말 대단하지요?

**저장 장치인 '하드 디스크'의 내부 구조**

**여러 모양의 트랜지스터**

## 글 박병철

연세대학교 물리학과를 졸업하고 한국과학기술원(KAIST)에서 이론물리학 박사 학위를 받았습니다. 30년 가까이 대학에서 학생들을 가르쳤으며 지금은 집필과 번역에 전념하고 있습니다. 어린이 과학동화 《별이 된 라이카》, 《생쥐들의 뉴턴 사수 작전》, 《외계인 에어로, 비행기를 만들다!》를 썼습니다. 2005년 제46회 한국출판문화상, 2016년 제34회 한국과학기술도서상 번역상을 수상했으며, 옮긴 책으로는 《프린키피아》, 《페르마의 마지막 정리》, 《파인만의 물리학 강의》, 《평행우주》, 《신의 입자》, 《슈뢰딩거의 고양이를 찾아서》 등 100여 권이 있습니다.

## 그림 허아성

이야기가 좋아 매일 쓰고 그리며 살고 있습니다. 쓰고 그린 책으로 《꿈의 자동차》, 《날아갈 것 같아요》, 《끼리끼리 코끼리》, 《사자도 가끔은》, 《뺑! 나도 축구왕》, 《꿈의 집》, 《아름다운 우리 섬에 놀러 와》, 《마음 의자》가 있으며, 쓴 책으로 《내가 더더더 사랑해》가 있습니다.

---

나의 첫 과학책 18 — **컴퓨터와 인터넷**

1판 1쇄 발행일 2023년 10월 23일

**글** 박병철 | **그림** 허아성 | **발행인** 김학원 | **편집** 이주은 | **디자인** 기하늘
**저자·독자 서비스** humanist@humanistbooks.com | **용지** 화인페이퍼 | **인쇄** 삼조인쇄 | **제본** 다인바인텍
**발행처** 휴먼어린이 | **출판등록** 제313-2006-000161호(2006년 7월 31일) | **주소** (03991) 서울시 마포구 동교로23길 76(연남동)
**전화** 02-335-4422 | **팩스** 02-334-3427 | **홈페이지** www.humanistbooks.com
**사진 출처** 윈도우 11 ⓒ rawf8 안드로이드 ⓒ Lutsenko_Oleksandr / Shutterstock

글 ⓒ 박병철, 2023  그림 ⓒ 허아성, 2023
ISBN 978-89-6591-525-6 74400
ISBN 978-89-6591-456-3 74400(세트)

- 이 책은 저작권법에 따라 보호받는 저작물이므로 무단 전재와 무단 복제를 금합니다.
- 이 책의 전부 또는 일부를 이용하려면 반드시 저작권자와 휴먼어린이 출판사의 동의를 받아야 합니다.
- **사용연령 6세 이상** 종이에 베이거나 긁히지 않도록 조심하세요. 책 모서리가 날카로우니 던지거나 떨어뜨리지 마세요.